Collection du Bibliophile français

J. MARIE PEIGNE

LAMENNAIS

SA VIE INTIME
A LA CHÊNAIE

Eau-forte par G. Staal.

NOUVELLE ÉDITION.

PARIS

LIBRAIRIE DE Mme BACHELIN-DEFLORENNE
RUE DES PRETRES-SAINT-GERMAIN-L'AUXERROIS, 14
Au premier, près la place de l'Ecole

M DCCC LXIV

LAMENNAIS

Paris.—Imprimé chez Bonaventure, Ducessois et Cie,
quai des Augustins, 55

J. MARIE PEIGNE.

LAMENNAIS

SA VIE INTIME

A LA CHÊNAIE

Eau-forte par G. Staal.

NOUVELLE ÉDITION

PARIS

LIBRAIRIE DE Mme BACHELIN-DEFLORENNE

Rue des Prêtres-St-Germain-l'Auxerrois, 14

M DCCC LXIV

A M. H. FLAUD,

maire et président de la Société d'émulation
de Dinan.

INTRODUCTION

Lamennais, une des plus grandes figures et peut-être la plus originale du dix-neuvième siècle, est incontestablement l'écrivain dont la vie intime est le moins connue et le plus calomniée. Sans parler de ce qui se débite encore tous les jours dans certains cercles, qui se hâtent de se dire religieux pour ne pas se croire tenus à la charité, que n'a-t-on pas écrit, dans les journaux et ailleurs, pour diffamer, aux yeux du peuple, son défenseur le plus ardent?

Non content de reprocher avec aigreur au prêtre ce qu'ils nomment « son apostasie, » — au philosophe ses erreurs, — c'est à l'homme privé surtout que ses ennemis s'en sont pris, et Dieu sait comme ils l'ont défiguré!

On lui a généreusement prêté tous les vices, et je crois qu'aux sept péchés capitaux on en aurait ajouté volontiers un huitième pour l'en charger.

C'est aux détracteurs de Lamennais que ce petit livre répond, — non pas en discutant, car, en pareille matière, les discussions passionnent toujours et ne convertissent jamais, — mais en racontant, sans parti pris et au gré de la plume, la vie de l'écrivain dans cette poétique solitude de la Chénaie, où il passa vingt de ses plus belles années.

A d'autres de défendre le philosophe : non de le justifier,—ce serait tenter l'impossible,—mais seulement d'expliquer sa conduite, de montrer que, même dans ses premiers ouvrages, alors qu'il était encore simple et zélé lévite, il avait des doctrines nouvelles et des hardiesses de pensée effrayantes ;—de suivre le développement de ses idées à travers ses écrits et les diverses phases de sa vie agitée ;—de faire toucher du doigt, sous le théologien fervent jusqu'à l'intolérance, le futur révolutionnaire ;— de dire enfin comment, sans secousse et par l'effet d'une logique impitoyable, l'auteur de l'Essai sur l'indifférence, *aigri par les persécutions plutôt que poussé par l'orgueil, en est venu jusqu'à publier* Une Voix de prison.

Il y a là le sujet d'une curieuse étude !
Mais je ne saurais viser si haut.

Voisin de la Chénaie, j'ai essayé d'y évoquer quelques-uns des souvenirs de Lamennais. J'ai interrogé plusieurs de ceux qui eurent l'honneur, envié de tous, d'être admis dans le cercle d'amis ou de disciples, qui, comme une auréole, entourait le grand écrivain ; j'ai entendu les paysans me raconter naïvement les impressions que leur avait laissées, après une séparation de trente ans, la visite de « Monsieur l'Abbé ; » j'ai lu et relu la volumineuse correspondance éditée par M. Forgues, — et j'ai écrit les pages suivantes, ne me doutant pas qu'elles pussent recevoir de la publicité.

Sans rien juger sur le système philosophique de Féli de Lamennais, je n'ai voulu que donner un démenti à ceux qui se plaisent à dénigrer l'homme pour n'avoir pas à admirer l'écrivain.

On comprendra qu'il était difficile de suivre rigoureusement l'ordre chronologique. Je me suis appliqué seulement à justifier, autant qu'il m'a été possible, ce que je raconte des habitudes intimes, familières, de Lamennais, par le témoignage de quelque contemporain non suspect, ou mieux encore par des citations empruntées aux lettres qu'il écrivait à ses amis et dans lesquelles il épanchait, avec le plus confiant abandon, ses chagrins et ses joies.

Dinan, 19 août 1863.

I

(F. Lamennais, *Lettres*.)

Sur la route qui conduit de Dinan, — la
patrie de Duclos, — à Combourg, où se passa
la jeunesse de Chateaubriand, — au delà de
la petite forêt sur la lisière de laquelle s'é-
lèvent les ruines du vieux manoir des sei-
gneurs de Coëtquen, — s'ouvre, à gauche,
une longue avenue de châtaigniers et de sa-
pins qui annonce le voisinage d'une habita-
tion bourgeoise. En suivant ce chemin,
ombreux durant l'été et jonché de feuilles

sèches à l'hiver, on arrive bientôt dans un joli parc, au fond duquel se montre, à travers les clairières, une blanche villa que les paysans d'alentour appellent pompeusement « *le château,* » et qui est connue, par le monde, comme *Ferney,* ou les *Charmettes* de Jean-Jacques :

C'est la CHÊNAIE [1] !

A ce nom seul, ne pense-t-on pas, malgré soi, à l'homme étonnant qui a rempli la moitié de ce siècle du bruit de sa gloire et de ses erreurs, et qui a provoqué autour de lui tant d'admirations enthousiastes et de haines aveugles?

Féli de Lamennais,

—l'ultramontain de 1805 et l'hérésiarque de 1836,

—l'absolutiste exalté et le républicain farouche,

l'auteur de l'*Essai sur l'indifférence* et des *Paroles d'un Croyant :*

Quels contrastes!

C'est dans cette modeste maison, si paisible à l'ombre de ses grands bois, qu'il composa d'abord ces livres pieux, qui le firent surnommer le dernier Père de l'Église; c'est de là que, plus tard, il poussa le cri de guerre terrible qui ébranla la vieille société d'un bout de l'Europe à l'autre;—c'est là, enfin, qu'il écrivit tant de pages brûlantes, qui, suivant la prédiction de l'archevêque de Paris, mirent le feu aux quatre coins de la France, et alarmèrent les consciences comme autrefois les thèses folles de Calvin.

Quand, pour la première fois, je visitai la Chênaie, je ne saurais dire toutes les émotions qui assiégèrent mon âme et me rendaient muet en présence de tant de souvenirs—si beaux et si tristes,—et ce fut avec un respect qui tenait du recueillement que je franchis le seuil de cette demeure, où tout me rappelait un grand esprit et un grand malheur.

Le propriétaire actuel,—neveu de Féli,—

nous introduisit, mes compagnons de promenade et moi, dans un salon, où notre attention fut attirée par un tableau placé entre le foyer et l'unique fenêtre : c'est le portrait du philosophe [2]. La ressemblance est frappante et ceux même qui n'ont jamais vu l'original le reconnaissent au premier coup d'œil. C'est bien là ce corps frêle, ce visage pâle et amaigri; sur lequel se lisent, en rides profondes, les souffrances intimes d'une vaste intelligence : à ces yeux caves et perçants, à ce regard inquisiteur, à ce front large et sévèrement plissé, qui ne devinerait et la vigueur de pensée et l'âpreté de style du célèbre écrivain?

En face de cette toile, je me souvins de ce que j'avais lu dans une lettre écrite, après une visite à l'ermite de la Chênaie, par son plus illustre ami :

« Lamennais est petit, maigre, fluet; son front indique le ravage de la pensée et tout ce qui a dû fermenter sous ce crâne à moitié nu. Son œil brun lance à chaque instant

des éclairs de colère, ou se revêt d'une douceur ineffable ; ses gestes sont vifs sans être
brusques ni violents ; le système nerveux est
chez lui presque fébrile : de là, dans certains ouvrages, ces imprécations contre la
tyrannie, et, dans d'autres, ces merveilleux
cantiques d'amour et de foi, qu'on dirait
avoir été surpris sur les lèvres des anges....

« ...Sa figure, avec ses angles, ses saillies,
son ovale décharné, est incontestablement la
plus solennelle figure de ce temps-ci.... Il y
a dans son ensemble quelque chose du prophète et un peu du tribun.... »

Assis près de l'étang, à l'endroit où jadis
était la belle terrasse plantée de tilleuls,
sur laquelle furent à peu près composées
les *Paroles d'un Croyant*, et qu'on a rem-
placée par un superbe carré de betteraves [3],
je me reportai, par la pensée, au temps heureux où cette solitude, aujourd'hui si triste,
était peuplée de disciples et d'amis, qui
s'appelaient Montalembert, Gerbet, Berryer,

Lacordaire, Listz, Cazalès, et j'essayai de me rappeler l'intéressante histoire de la Chênaie.

II

La Chênaie, qui avait été construite sur
les ruines d'un ancien château, par M. Lorin, conseiller du roi et sénéchal de la juri-
diction de Saint-Malo, appartint, à la mort
de ce dernier, à madame Robert de Lamennais, sa fille. Jean et Féli, qui habitaient à
Saint-Malo la maison paternelle, y venaient
à l'été passer leurs vacances et prendre
leurs ébats. Un jour que, pour le punir
d'une de ces escapades qui ne lui étaient que
trop habituelles, on l'avait enfermé dans une
mansarde qui servait de cabinet de travail à

M. Robert des Saudrais, Féli, curieux de s'instruire et brûlant déjà du désir d'apprendre, profita de la circonstance pour feuilleter à la hâte la bibliothèque de son oncle. Voltaire, Rousseau, Diderot et les autres philosophes du xviiie siècle tombèrent entre ses mains, et le jeune écolier, doué d'une intelligence précoce, y puisa des idées que son précepteur essaya vainement de combattre et qui, plus tard, exercèrent sur sa conduite une influence pernicieuse.

Orphelin de bonne heure [1], il n'eut pas, pour diriger ses premières années, ce que rien ne peut remplacer ici-bas, l'affectueuse sollicitude d'une mère. D'un caractère turbulent, entêté, le futur auteur de tant de chefs-d'œuvre savait à peine lire à dix ans, et, quand l'âge fut arrivé de faire sa première communion, le curé de sa paroisse, ne le trouvant pas suffisamment instruit, jugea prudent d'ajourner l'accomplissement de ce devoir religieux. Il avait surtout le

catéchisme en horreur, et s'il apprenait quelques leçons, c'était uniquement pour être
agréable à sa vieille bonne, à laquelle, en
mourant, madame de Lamennais l'avait
recommandé. Quand on le grondait, la pauvre fille ne manquait jamais de le défendre :
« *Il est vif*, disait-elle souvent, *mais il a un
cœur d'or.* »

L'enfant avait pour elle un profond respect : quant à ses maîtres, il s'en souciait
assez peu. Ne pouvant autrement le retenir
à l'étude, le père M. se vit un jour obligé
de l'attacher à un banc, puis de pendre à sa
ceinture un gros galet, que l'écolier indocile
traînait à peu près comme un forçat traîne
son boulet. Garrotté de la sorte, il fallut
bien travailler, et, comme il était loin de
manquer de moyens, il fit rapidement des
progrès qui lui valurent une récompense.

« Le plus beau jour de ma vie, racontet-il lui-même, fut celui où, à l'âge de huit
ans, mon vénérable professeur me donna une
image. »

C'était probablement la figure de quelque saint, car il aimait, par-dessus tout, les objets de dévotion. Dès sa plus tendre enfance, on le surprenait « à genoux, des heures entières, devant des statues de la sainte Vierge, » et ses camarades l'avaient surnommé « le petit bigot, » sobriquet dont on ne l'aurait certes pas baptisé quarante ans plus tard.

Mais, chroniqueur fidèle, nous devons ajouter que Lamennais se mit rarement dans le cas de recevoir des images. Son précepteur ayant été contraint de prendre le chemin de l'exil, il étudia pendant quelques semaines avec Jean-Marie [5] ; mais, dès qu'il posséda les premiers éléments de la langue latine, il trouva la grammaire fort ennuyeuse et très-inutile, congédia son nouveau maître, et l'on rapporte qu'il commença par traduire Tacite.

C'est alors que, pour faire quelque chose de son fils, M. de Lamennais se décida, non sans regrets, à l'envoyer à la Chênaie. Comment s'y conduisit-il? Assez mal comme toujours, à en juger du moins par ce qu'on écrivait à Mgr de Pressigny, évêque de Saint-Malo, alors exilé à Chambéry. Le père pensait avec raison que Féli ne serait jamais qu'un triste négociant et s'inquiétait déjà sur son avenir. Le prélat était de son avis, mais il devinait la vocation du jeune homme : « Laissez agir la Providence, répondait-il ; pour moi, j'ai l'idée que cet enfant sera un jour la gloire de l'Église, aujourd'hui malheureuse et dispersée. »

Féli de Lamennais ne se sentait aucun goût pour les affaires et préférait de beaucoup la littérature. Il ne faudrait pas conclure des lettres de son père qu'il perdit complétement le temps qu'il passa chez M. des Saudrais : au contraire! quoique travaillant seul, sans maître et sans règle, au caprice de son imagination fiévreuse, il était, à seize ans, d'une prodigieuse érudition, mais aussi d'une incrédulité désespérante. Plus tard, il devint amoureux : c'était le seul défaut qu'il n'eût pas, disait son oncle. Il est vrai que le papillon était allé se brûler follement à la première flamme qu'il avait trouvée sur son chemin. D'une nature très-aimante, il vit un jour une de ces femmes frivoles, qui se plaisent à faire naître des passions dans les cœurs innocents pour s'en vanter ensuite et peut-être en rire : il s'éprit vite et tomba dans le piége, —à dix-huit ans! Ses aveux furent rejetés; la belle ne partagea pas ses sentiments, et, profondément blessé, Lamennais, comme tous les amants malheureux, tomba dans une sorte de misanthropie dont sa famille eut beaucoup à souffrir. Son caractère s'assombrit : il se promenait seul dans les chemins détournés, et passait des heures à rêver, au coin d'un champ, sur ses amours dédaignées et ses illusions perdues.

Cependant, malgré les instances de son père et de son frère, qui le tiraillaient en sens inverses, Lamennais n'avait pas encore

de vocation bien arrêtée, et il avait vingt-
cinq ans : il était temps, vraiment, de choi-
sir la route qu'il devait suivre! Un rayon
d'en haut l'éclaira. Ses idées changèrent; il
laissa de côté ses auteurs profanes, oublia
ce qu'il avait appris et résolut d'entrer dans
l'état ecclésiastique. Les conseils de son
entourage ne furent pas étrangers à cette
détermination, prise dans un moment d'en-
thousiasme et sur laquelle il n'osa plus
revenir.

Il entra donc au collége de Saint-Malo,
comme professeur de mathématiques, et
dans le but d'étudier la théologie : c'est là
qu'il traduisit le *Guide spirituel*, de Louis
de Blois, et l'année suivante, c'est-à-dire en
1808, les *Réflexions sur l'état de l'Église en
France*, « ouvrage qui se distinguait déjà,
comme l'a fait remarquer justement un cri-
tique contemporain, par l'âpreté de la
phrase, et que la police impériale saisit à
cause de quelques idées qui parurent trop
libérales au gouvernement de l'époque. »

Les poursuites dont il était menacé le contraignirent à se retirer à la campagne, où il ne resta qu'un an, — forcé lui-même de suivre en exil plusieurs de ses anciens amis.

Il revint de Londres, en 1815, avec l'abbé Caron, et fut ordonné prêtre à Rennes en 1816. Il avait trente-quatre ans.

Mais ce ne fut qu'après son premier voyage à Rome (1824) qu'il s'installa définitivement à la Chênaie.

Lamennais aimait beaucoup la Chênaie : il en parle à chaque instant dans ses lettres. Le silence de cet ermitage, caché par les arbres à l'ombre d'une forêt, allait à son esprit, triste, rêveur et plein de noires images. Il en sortait rarement et se plaisait, ainsi qu'il le raconte lui-même, à converser avec les morts, qu'il trouvait, pour la plupart, de meilleure compagnie que les vivants [1]. Tant qu'il remplit les fonctions de vicaire général du diocèse de Saint-Brieuc,

l'abbé Jean s'échappait quelquefois de la
ville épiscopale pour venir se reposer, auprès de son frère, qu'il affectionnait vive-
ment, des fatigues de son laborieux mini-
stère. L'église paroissiale de Plesder étant
trop éloignée, il fit construire, dans son jardin, la petite chapelle qu'on y voit encore,
et dans laquelle, pendant plusieurs années,
l'auteur de l'*Essai* dit chaque jour la messe.

Les deux Lamennais se communiquaient
mutuellement leurs travaux et publièrent en
commun la *Tradition de l'Église sur l'institution des évéques :* l'un se chargeait des re-
cherches, l'autre coordonnait les documents
et écrivait ; l'un fournissait la science,
l'autre y mettait son style.

Féli était, en ce temps-là, d'une grande
piété. L'abbé Jean, avec une prudence que
l'avenir n'a que trop justifiée, recomman-
dait constamment aux amis qu'ils recevaient
de se donner garde d'enflammer une imagination si ardente. Chose singulière ! quoi-
qu'alors dans toute la ferveur de sa foi

première, Féli sentait son esprit s'égarer parfois et se prenait à rougir de son amour-propre, qui, suivant sa pittoresque expression, ne se sacrifiait jamais qu'à demi et renaissait sous le couteau même [7].

Les succès qu'obtinrent ses publications religieuses ne le satisfirent pas, car il fut toujours animé de cette passion de la lutte qui le domina jusqu'à la fin. Son livre sur la *Tradition de l'Eglise* ne rencontra pas d'opposition : il en fut désolé. « Désormais, écrivait-il, j'ai perdu l'espoir d'être attaqué, car le goût des réfutations est passé. Je crains qu'il y ait moins de sagesse que d'indifférence dans cette facilité avec laquelle on laisse tout dire, sans éprouver les doctrines par une cortradiction savante et raisonnée [8]. »

Fuyant le monde, pour lequel il ne se sentait que du dégoût, il recherchait la société des jeunes gens. Pendant que son frère fondait, à quelques lieues de là, dans

la petite ville de Malestroit, une institution
pour l'instruction des enfants, dont il confia
la direction au pieux et savant abbé Rohr-
bacher, Féli réunissait à la Chênaie, où il
venait d'achever le second volume de son
Essai sur l'indifférence, un certain nombre
de disciples dont il fit ses amis et qu'il des--
tinait à l'enseignement.

Lacordaire, Eugène Boret, Gerbet, Ed-
mond de Cazalès, Maurice de Guérin, de
Caux et Montalembert y amenèrent avec
eux quelques-uns des membres les plus distingués de l'émigration polonaise. Peu à
peu la studieuse phalange se grossit de
quelques amis de la famille, tels que
MM. Duquesnel, Dubreil de Marzan, et le
poëte charmant du val de l'Arguenon, Hip-
polyte Morvonnais.

Ce devait être un beau spectacle que
celui de ces jeunes hommes d'élite, groupés
autour d'un maître, en qui semblaient se
résumer toutes les grandeurs et toutes les
promesses du sacerdoce et du génie!

C'est à cette époque qu'il faut placer la visite que fit Berryer à la Chênaie. Nous laissons à M. Laurentie le soin de raconter cette entrevue du grand orateur et du prêtre philosophe, dont il fut lui-même le témoin :

« M. Berryer était un des meilleurs amis de l'abbé de Lamennais ; il l'avait visité dans sa retraite…. Penseurs et poëtes, l'un et l'autre s'acheminèrent au loin dans la campagne bretonne, et, arrivés à un lieu d'où le regard s'étendait sur une nature resplendissante, ils s'assirent et se mirent à échanger leurs pensées sur les richesses de la création.

« L'abbé de Lamennais prit alors son élan et laissa voler son intelligence au travers des mondes inconnus : il disait une partie de ces choses qu'il a depuis publiées dans son *Esquisse*, et Berryer l'écoutait, surpris et captivé.

« Tout à coup, Berryer se lève, avec cette voix vibrante qui remue les entrailles :

« —Mon ami, vous me faites peur ; vous

« serez sectaire, et je pressens le mal que
« vous ferez, à l'empire qu'en ce moment
« vous exercez sur moi. »

 « Et il se tut....

 « L'abbé de Lamennais lui répondit :
« —Puissé-je plutôt rentrer dans le ventre
« de ma mère! »

 « Et il se leva à son tour....

 « Et tous les deux s'en allèrent, empor-
tant une impression mystérieuse de cet
échange de solennelles paroles.... »

Le jour même, croyons-nous, Berryer
vint à Dinan, où il passa la soirée chez une
de ses parentes, et reprit, le lendemain, le
chemin de la capitale : il n'en demeura pas
moins l'ami de l'écrivain, qu'il assista, dans
les circonstances difficiles, de sa parole et
de ses conseils.

III

Si l'on étudie, dans ses détails même les
plus familiers, l'existence que Féli menait
alors à la Chênaie, on est tout étonné de
trouver un Lamennais bien différent de celui
que tout le monde connaît, et de découvrir
au fameux philosophe des qualités ou des
faiblesses que personne ne lui suppose.—
Mieux que tous les récits, quelques traits
empruntés à sa vie intime mettront en re-
lief la curieuse originalité de son caractère
et l'excessive bonté de son cœur.

Vers la fin de 1825,—à l'époque où Lamennais recevait le plus de visites,—un homme, vêtu d'une vieille redingote noire, arriva, sans se faire connaître, au petit séminaire de Dinan, dont le directeur, M. l'abbé Bertier, le prenant pour un frère quêteur, l'adressa, pour s'en débarrasser, aux frères de l'Instruction chrétienne, établis nouvellement dans la ville.

Le supérieur de cette dernière maison, que tous les Dinannais ont connu sous le nom de frère Paul, accueillit froidement l'étranger, dont l'air piètre, le nez énorme et le costume peu relevé ne lui inspiraient qu'une médiocre confiance.

« —Je suis désolé, mais je ne puis vous recevoir, » lui dit-il, en tempérant son refus par un regard bienveillant.

« —En ce cas, reprit l'autre, veuillez me procurer une voiture et m'indiquer le chemin de la Chênaie. »

Ce que fit aussitôt frère Paul, très-heureux sans doute d'en être quitte à si peu de frais.

Le lendemain, de grand matin, il reçut de l'abbé Féli une lettre qui le priait d'acheter toutes sortes de provisions, d'en charger le cheval de la Chênaie et de venir prendre sa part d'un bon dîner.

Frère Paul n'y manqua pas.

A table, il fut placé près de l'inconnu de la veille, qu'il retrouva, non sans quelque étonnement, en pareille compagnie.

Alors, offrant un plat au prétendu quêteur : « Monseigneur en acceptera-t-il ? » demanda l'abbé d'un air respectueux et en lançant au religieux un regard moqueur qui le terrifia.

Le visiteur qu'il avait si mal reçu n'était autre que Mgr de Forbin-Janson, nommé récemment au siége de Nancy, et non moins connu par ses vertus et ses malheurs que par ses excentricités provençales.

Ce fut un petit coup de théâtre....

Frère Paul ne se consola jamais d'avoir refusé de donner à dîner à un des plus illustres évêques de France. Quant à Lamen-

nais, il riait à gorge déployée de cette farce,
à laquelle il s'était prêté lui-même avec cet
esprit gai jusqu'à l'enfantillage qu'il appor-
tait parfois dans l'intimité.

L'accoutrement de Mgr de Forbin-Janson
n'était pas de nature à donner de sa personne une bien haute idée : celui de Lamennais était au moins aussi simple.

Même avant qu'il eût été, de la part de
l'autorité ecclésiastique, l'objet de mesures
dont la sévérité l'aigrit sans le convertir, il
ne portait la soutane que pour dire la messe,
et à peine avait-il mis le pied sur le seuil de
sa chambre qu'il la posait avec une sorte
d'empressement, pour endosser une longue
redingote grise qui lui battait au-dessous
des mollets et dont le bas était brûlé en dix
endroits [9]. Joignez à cet habit, dont la coupe
peu savante ne fit jamais la réputation du
tailleur, des pantalons noirs et un gilet de
même couleur, lustrés par le frottement,
usés jusqu'à la corde et néanmoins d'une

propreté irréprochable, et vous aurez une idée à peu près complète de la toilette ordinaire du grand écrivain.

Et pour qui, d'ailleurs, aurait-il fait les frais d'une mise plus élégante? Ainsi que nous le disions tout à l'heure, ses promenades se prolongeaient rarement au delà de ses avenues, et, quand il en sortait, c'était pour errer librement dans les sentiers perdus du joli bois de Coëtquen.

Ses habitudes étaient casanières, à ce point qu'il laissait quelquefois passer plusieurs mois sans aller voir son beau-frère, **M.** Blaise de Trémigon, qui demeurait à dix kilomètres à peine de la Chênaie et avec lequel, pourtant, il eut toujours d'excellentes relations.

« Je ne vois presque personne, » écrivait-il à mademoiselle de Tréméreuc, une de ses amies les plus fidèles et les plus dévouées [10].

« Je ne vais point à Saint-Malo, — lisons-nous dans une autre lettre; — on dit la maison de Trémigon jolie, je n'y vais point.... Ma chambre est pour moi tout le monde [11]. »

Et ailleurs :

« Trémigon est trop loin pour moi, de sorte que je suis absolument ermite [12]. »

A mademoiselle de Lucinière, qui lui demandait probablement des nouvelles de la famille, quelque temps après la mort de madame Blaise, il répondait : « Il y a tout à l'heure un an que je n'ai vu personne de Trémigon, excepté mon beau-frère, qui, de loin en loin, passe ici comme une ombre [13]. »

Son caractère, naturellement enclin à la rêverie, s'accommodait assez de cette solitude ; tous les penseurs détestent le bruit :

« On ne peut être plus séparé des hommes que je ne le suis depuis près de deux mois, dit-il quelque part. Je ne vois qui que ce soit. La promenade, la lecture, le travail remplissent mes heures solitaires, et si quelquefois, souvent même, la tristesse les

obscurcit, l'ennui du moins ne les appesantit
jamais. Cette sorte d'existence monotone
n'est pas sans douceur et sans attraits....
On y sent quelque chose du tombeau, et puis
les grandes iniquités, les grandes turpitudes
et les grandes lâchetés tourmentent moins à
distance : on respire plus à l'aise. Le chant
des oiseaux, le murmure des insectes, le
bruit du vent dans le feuillage, la lune
aperçue le soir à travers les branches des
vieux chênes, le nuage même qui passe,
tout cela apaise merveilleusement les tem-
pêtes de l'âme [14].... »

Oui, mais, à certains moments, cela jette
l'âme dans un abîme de méditations; il y a
des hommes ainsi faits qu'ils ne peuvent
étudier la nature sans être pris de vertige.
Aussi Lamennais s'effrayait-il parfois de
cette vie trop isolée : « Je suis absolument
seul à la Chênaie, mande-t-il dans une de
ses lettres à M. le vicomte de Bonald, et
l'imagination s'échauffe un peu trop dans
cette solitude [15]. »

Jusqu'à l'époque de ses démêlés avec Rome, c'est-à-dire tant qu'il fut entouré de jeunes gens qu'il se plaisait à instruire et à former, la Chênaie était tranquille, simple, et, pour la régularité au moins, monotone comme celle d'un cloître. Tout le monde se levait à cinq heures. Le maître était quelquefois le premier debout, car il souffrait continuellement d'une migraine chronique et d'une maladie de l'estomac qui l'empêchaient de dormir. Après sa messe, il déjeunait dans sa chambre, ordinairement d'une bouillie de pommes de terre, qu'une vieille domestique, qui vit encore, lui servait dans une petite casserole sur un guéridon. A demi couché sur une chaise longue, qui lui avait été donnée par M. de Montalembert, il mangeait rapidement et passait le reste de la matinée soit à étudier les philosophes allemands ou quelque langue étrangère, soit à lire des livres de contes,—suivant que sa santé lui permettait ou non des occupations sérieuses.

Il écrivait le plus souvent dans son salon du rez-de-chaussée, à une table sur laquelle il ne souffrait autre chose qu'une écritoire, quelques plumes et du papier de petit format doré sur tranches : du reste, point ou peu de livres, ou de ce fatras de paperasses que ménagent à leur portée les gens qui n'écrivent que pour poser.

De ce qu'en examinant ses manuscrits on n'y trouve presque pas de ratures ou de mots surchargés, on a conclu que Lamennais avait le travail extrêmement facile et écrivait d'un seul jet ses plus belles pages. Il n'en est rien pourtant, et l'absence de corrections sur la copie qu'il laissait aux imprimeurs s'expliquerait par sa manière de travailler. Il se promenait souvent sur sa terrasse en se martyrisant les ongles avec un canif, méditait, et ne rentrait que lorsque, dans sa tête, la phrase était toute faite : il la couchait alors sur le papier, et rarement il lui arrivait d'y rien changer à la seconde lecture.

Dans l'après-midi, si le temps était favorable, Lamennais sortait avec ses élèves ou les personnes qui se trouvaient,à la Chênaie, et, tout en causant, se livrait à une de ses récréations favorites : la taille des arbres. Armé d'un sécateur, il tranchait impitoyablement toutes les branches gourmandes ou parasites qu'il apercevait. Mais, comme il se reconnaissait lui-même assez malhabile, il s'abstenait prudemment de toucher aux arbres fruitiers [16].

Ses chers arbres, comme il les aimait ! Dans une seule saison, en 1834, il en planta plus de cinq mille [17]. Jamais il ne voulut permettre qu'on en abattît un seul, et, plus tard, à Paris, quand il eut cessé de venir en Bretagne, la première question qu'il adressait à ceux qui arrivaient du pays de Dinan était celle-ci : « Les arbres de la Chênaie sont-ils toujours beaux ? » et, si la réponse était affirmative, le front du philosophe se déridait et un sourire de bonheur s'égarait sur sa figure triste et souffrante....

Le soir, après le souper, tous les livres se fermaient. On se réunissait dans le salon, et alors commençaient des causeries qui se prolongeaient d'ordinaire jusqu'à dix heures.

« A ce moment, rapporte un des habitués de la maison, M. Maurice de Guérin, si vous entriez, vous verriez là-bas, dans un coin, une petite tête, rien que la tête,—le reste du corps étant absorbé par le sofa,—avec des yeux brillants comme des escarboucles, et pivotant sans cesse sur son cou. Vous entendriez une voix tantôt grave, tantôt moqueuse, et parfois de longs éclats de rire aigus : c'est notre homme! Philosophie, politique, voyages, anecdotes, historiettes, plaisanteries, malices, tout cela sort de sa bouche sous les formes les plus originales, les plus saillantes, les plus incisives, avec les rapprochements les plus neufs, les plus profonds, quelquefois avec des paraboles admirables de sens et de poésie....

« Un peu plus loin, c'est une figure pâle, à large front, à cheveux noirs,—beaux yeux

portant une expression de tristesse habituelle : — c'est M. Gerbet.... »

Lamennais causait beaucoup et causait à merveille, si l'on en croit les personnes admises dans son intimité. Un de ses ennemis, le cardinal Wiseman, qui avait eu plusieurs entrevues avec lui, ne peut s'empêcher de lui rendre le même témoignage.

« Il est difficile, dit-il dans un de ses derniers ouvrages [18], d'expliquer le secret de l'influence qu'il (Lamennais) exerçait sur ceux qui l'abordaient. Certes, son aspect n'avait rien d'imposant : il était chétif, petit, d'attitude commune, sans autorité dans le regard, en un mot sans grâce extérieure. C'était donc dépourvue de tout prestige que sa langue, organe puissant, traduisait une merveilleuse succession de pensées, à la fois claires, profondes et fortes.

« J'ai eu parfois, à différentes époques, de longs entretiens avec lui, et toujours je l'ai trouvé le même. La tête penchée en

avant, les mains jointes devant lui, — une
simple question faisait jaillir un flot d'idées
dont le courant spontané, uni, rappelait
celui d'un frais ruisseau dans les prairies
brûlées par l'été. Il s'emparait du sujet
dans son ensemble, le divisait par chapitres
comme l'eussent pu faire Massillon ou Flé-
chier, et avec une symétrie de prédicateur ;
puis, reprenant une à une toutes ces divisions,
il les développait.... Sa parole était restée
toujours dure, un peu monotone ; il y avait
d'ailleurs peu d'interruptions ou d'hésita-
tions, et la phrase était si bien polie et si
élégante, que, venant à fermer les yeux,
vous auriez pu vous figurer qu'il vous lisait
un volume amené par de longs travaux à sa
forme la plus parfaite. »

C'est toujours à contre-cœur qu'on fait
l'éloge des gens qu'on n'aime pas : or il sufit
de lire le livre du cardinal Wiseman pour se
convaincre qu'il n'avait pour Lamennais que
peu de sympathie. Il a voulu mettre des
ombres au tableau et tempérer, par des réti-

cences, le bien qu'il dit de son adversaire :
son jugement, toutefois, n'en est pas moins
significatif, quoique exprimé avec cette re-
cherche prétentieuse qui distingue l'auteur
de *Fabiola*.

Revenons à la Chênaie où, chaque jour,
l'abbé de Lamennais tenait, durant des heures
entières, sous le charme de sa parole, des
hommes bienveillants sans doute, mais incontestablement supérieurs par leur intelligence.

Dans ces réunions intimes, on ne s'occupait pas exclusivement de questions philoso-
phiques : aux discussions sérieuses succé-
daient de légères causeries, et le cercle se
montrait parfois d'une gaieté dépassée.

« Vous souvenez-vous comme nous avons
ri ? » demande Féli, dans une lettre à la
comtesse de Sennft, où il rappelle les *folies*
qu'elle *pardonnait à sa jeunesse* [19]. — Et
parfois, sous une plaisanterie, le maître
cachait adroitement une leçon.

Un soir, il venait de passer en revue les différents systèmes enseignés dans les écoles, lorsque la lampe qu'il tenait à la main lui échappa et se brisa sur le parquet.

—Tiens! on n'y voit plus goutte, s'écria le jeune Kertanguy.

—Mes enfants, repartit finement l'écrivain, c'est presque toujours ainsi que se terminent les cours de philosophie.

Au mois de juillet 1827, la Chênaie devint triste. Ses hôtes étaient sous le coup d'une inquiétude cruelle : l'abbé de Lamennais était atteint d'une maladie qui le conduisit à deux pas de la tombe!

Ce fut le dimanche 22 qu'il ressentit les premières atteintes. On lui conseilla de garder le lit. Son état s'améliora rapidement, et, quatre jours après, M. Gerbet rassurait ses amis sur les suites de cette crise qu'il ne croyait pas « de nature à donner des alarmes [20]. » Mais une fièvre bilieuse se déclara bientôt, et le mal fit de si effrayants progrès que M. Blaise manda en toute hâte l'abbé Jean, qui se trouvait à Ploërmel.

« Nous sommes dans une consternation mortelle, écrivait M. Gerbet au comte de Sennft ; je voudrais pouvoir penser que notre affection grossit encore à nos yeux le danger de son état : mais je ne le puis [21] ! »

Le médecin ordinaire de la Chênaie n'avait rien compris à cette maladie : on en fit appeler un autre, M. le docteur Bodinier, de Dinan, dont la visite inspira beaucoup de confiance [22].

Cependant, vers le soir, l'abbé Jean administra lui-même l'extrême-onction à son frère, et M. Gerbet, qui avait reçu ses confidences suprêmes, lui donna, les larmes aux yeux, l'absolution des mourants.

Quand on lui porta le viatique, il parut recouvrer toute la force de son intelligence et de sa volonté : ce fut une scène émouvante !

Féli ne regrettait pas de mourir.

« —Mon ami, répétait-il à M. Gerbet qui

ne quittait pas son chevet, j'ai bien envie de
m'en aller : j'ai assez de la terre.... »

A minuit, il pria d'ouvrir la fenêtre : il
faisait un clair de lune magnifique.

« —La nuit est belle, » dit son garde-
malade.

« —Pour ma paix, s'il plaisait à Dieu, ce
serait la dernière!... » répondit-il d'une voix
presque éteinte.... [23].

Le lendemain (dimanche 29), il tomba
en agonie. Ceux qui l'entouraient n'attendaient plus que le moment fatal, quand
arriva le docteur Bodinier qui, devinant le
danger, s'empara d'un petit flacon d'alcali
trouvé par un heureux hasard dans la
chambre du malade, et, par tous les moyens,
essaya de ramener dans ce corps, usé déjà,
la vie qui s'échappait.

Ce remède énergique produisit un effet
immédiat.

Lamennais revint peu à peu, et, le jour
de l'Assomption, il put aller, dans sa cha-
elle, remercier Dieu de cette guérison

quasi miraculeuse. Contrariée par la mort
subite de son domestique de confiance, qu'il
fut obligé de confesser au milieu de la nuit,
sa convalescence fut longue et pénible :
cependant sa santé se rétablit, et, dès la
première semaine de septembre, il était tout
étonné lui-même de se retrouver bien portant en ce monde [24].

Doué d'une constitution maladive, Lamennais, presque toujours souffrant, était
quinteux, d'humeur difficile, passant en une
seconde de la plus franche gaieté à une
tristesse noire, exigeant et capricieux —
comme une femme.

Un de ses amis nous racontait dernière-
ment qu'un matin Élie de Kertanguy conduisit chez son oncle un superbe chien de
Terre-Neuve. Ce fut une grande joie, et
Féli, qui depuis longtemps en désirait un,
le regardait comme on regarde, à dix ans,
un jouet impatiemment attendu. Pendant
huit jours, on ne parlait plus que de *Terre-*

Neuve. Mais il arriva qu'en jouant dans la salle avec David Raphalini, la bête cassa une vitre d'un coup de queue. L'abbé devint furieux, car il ne souffrait pas qu'on brisât chez lui le moindre objet, et, malgré toutes les sollicitations, il fallut sur-le-champ renvoyer le malheureux chien.

Irascible au dernier point, ses colères duraient peu. Soit qu'il voulût seulement s'excuser, soit qu'il le crût sérieusement, il disait qu'elles étaient nécessaires à sa santé, et qu'il était obligé quelquefois, pour éviter de tomber en défaillance, de chercher noise au premier venu, sauf à demander ensuite pardon de ses emportements.

Un jour, suivant son habitude, il se rasait dans son lit, et Jeanne, sa servante de confiance, tenait, comme de coutume, un miroir devant lui. Voilà que tout à coup, à propos de rien, il s'emporte, lui reproche sa maladresse et la menace de changer de servante. Dès que l'opération fut terminée, la pauvre fille se disposait à sortir, tout

émue des paroles dures qu'elle venait d'entendre, quand son maître la retint doucement : « Je vous ai fait de la peine tout à
l'heure, lui dit-il d'un ton très-affectueux,
que voulez-vous ? Vous savez que, par
moments, je suis un peu fou, et si je ne
m'étais mis dans une colère rouge, j'allais
encore défaillir. »

Il était, d'ailleurs, plein de bonté pour
ceux qui l'entouraient. Longtemps il eut à
son service un grand garçon passablement
niais, nommé Jean, pour lequel il avait
toutes sortes d'égards et de prévenances.
Lorsque ses différends avec le clergé eurent
éloigné de sa maison la plupart de ses anciens amis, le philosophe, à ses rares
heures de loisir et d'ennui, demandait
quelques distractions à la musique et jouait
de l'accordéon. — Aussitôt qu'il entendait
les sons de l'instrument, Jean laissait de
côté sa besogne, montait à la hâte dans la
chambre de son maître, et, sans plus de
cérémonies, s'allongeait sur l'unique fau-

teuil, d'où Féli ne le dérangea jamais.

N'est-il pas à remarquer que Lamennais, qui a tant écrit pour le peuple, avait pour les hommes du peuple une réelle affection? Il passait volontiers des heures à causer des récoltes et du beau temps avec les paysans du voisinage, qui avaient en retour, pour le bienfaiteur qu'ils appelèrent toujours « monsieur l'abbé, » un respect quasi superstitieux.

Chaque jour, il occupait un certain nombre d'ouvriers, moins par besoin qu'à cause du plaisir qu'il trouvait au milieu d'eux.

« Ici, je mène la vie des champs, racontet-il à mademoiselle de Tréméreuc ; je plante et j'abats ; je fais des allées, des terrasses ; je bâtis même, non un château, mais une portion de basse-cour : tout cela m'occupe. Je passe mon temps à diriger les ouvriers, et, depuis six mois, ç'a été presque mon unique emploi [25]. »

« De proche en proche, dit-il ailleurs [26],

je me suis engagé dans des travaux dont je
ne prévois pas, avant deux ans, la fin ; une
nouvelle basse-cour, un nouveau jardin, des
plantations , des clôtures, un chemin neuf,
que sais-je? Je passe ma vie au milieu d'ouvriers de toutes sortes : il en résulte au moins
cela de bon que de pauvres et honnêtes
familles sont aidées et soulagées, et ces
braves gens en ont une reconnaissance qui
me touche. »

En rentrant un soir de sa promenade,
Lamennais, traversant sa cuisine, remarqua,
par le nombre de casseroles qui fumaient
sur le fourneau, qu'il y avait plus de préparatifs qu'à l'ordinaire. Sur l'observation
qu'il en fit à sa vieille bonne, il apprit que
e'était en l'honneur du carnaval.

On était au mardi gras.

« —C'est vrai, répondit-il en se tournant
vers Kertanguy ; carnaval, c'est la fête des
pauvres gens, nous mangeons de la viande
tous les jours, nous autres, tandis qu'il y a
tout près d'ici des familles qui n'en mangent

jamais et qui, tantôt, n'auront peut-être
qu'un morceau de pain. Si nous offrions ce
dîner aux malheureux qui travaillent dans le
bois?...

« —Bravo ! s'écrièrent les jeunes gens. »

Et vite les domestiques installèrent de
longues tables dans la cuisine, l'argenterie
fut tirée des armoires, on mit le caveau à
contribution, et Lamennais, aidé de ses neveux, servit lui-même ses invités, tout
ébahis d'un pareil honneur.

Lamennais faisait ainsi beaucoup de bien :
jamais il ne refusa l'aumône à ceux qui
frappèrent à sa porte. « Que j'aimerais à
donner, répétait-il souvent, si j'étais plus
riche ! »

Malheureusement, sa fortune était peu
considérable, et, dans maintes circonstances, notamment à la suite d'un procès avec
son libraire, en 183., il se trouva dans une
gêne d'où son beau-frère, M. Blaise, ne le
tira pas sans peine [27]. Il lui fallut prendre

des arrangements avec son créancier et se dessaisir d'une partie de ses propriétés.

Il avait un revenu de moins de trois mille francs, ce qui était bien peu, l'on en conviendra, pour un pareil homme, que sa position mettait en rapport avec toutes les sommités de son époque. Tant qu'il fut à la Chênaie, il ne gagna guère d'argent avec sa plume : les *Paroles d'un Croyant*, qui furent traduites en plusieurs langues, lui rapportèrent peut-être quelques centaines d'écus [18], sur lesquelles ses créanciers se précipitèrent.

Cette gêne pressante, qui le contraignait à vivre continuellement dans un pays où, depuis sa rupture avec l'Église, il eut toutes sortes d'humiliations à subir, lui arrachait de temps à autre une plainte amère, un cri de douleur, — sinon de haine, contre la société.

« Je vais rentrer en France, écrivait-il de Munich, le 29 août 1832, aussi pauvre qu'on puisse l'être en ce monde, usé de travaux et de chagrins [19]. »

Trois mois après, dès qu'il fut de retour
à la Chênaie, il mandait à une de ses amies
de Turin :

« Je suis toujours dans la même incerti-
tude. Il s'agit de savoir si je réussirai à faire
admettre ma cession de biens par les tribu-
naux. Si elle est admise, je serai du moins
en sûreté de ma personne. Dans le cas contraire, je m'en irai hors de France, Dieu
sait où, errant çà et là, jusqu'à ce que
j'arrive au dernier gîte, qu'on trouve partout [30]. »

Plus tard encore [31] :

« Les moyens de vivre, où les trouver? Je
n'ai plus rien que des dettes. Solon disait :
« Je vieillis en apprenant toujours; » c'était
acquérir que cela! Et moi je dis : je vieillis
en m'appauvrissant toujours. Quand on jet-
tera dans la terre ma vieille carcasse, ce qui
ne tardera guère, elle y tombera nue, à
moins que quelqu'un ne me fasse l'aumône
d'un linceul. Qu'importe?... Mon sort n'a
rien de beau : malade, pauvre et persécuté,

je ne sais pas, le soir, où le lendemain je reposerai ma tête. »

Enfin, dans une lettre qui porte la date de « la Chênaie, 15 décembre 1832, » on lit ce triste aveu, qui dut coûter beaucoup à la fierté de l'écrivain [32] :

« Ma position est telle qu'elle m'oblige à prier mes amis intimes d'affranchir leurs lettres. »

Et comme si ce n'était pas assez des exigences d'une situation qu'il ne s'était pas faite, ceux qui auraient dû le consoler le persécutaient sans relâche.

Nul n'est prophète en son pays, dit un proverbe trop vieux pour n'être pas vrai. Lamennais fut méconnu de la plupart de ses compatriotes, qui, jaloux de sa gloire, le calomnièrent.

Les corbeaux poursuivront toujours de leurs cris insolents l'aigle qui plane au-dessus d'eux.

En 1833, il était à la Chênaie : on le

força de partir pour Paris. « J'étais résolu à passer l'hiver à la campagne, mandait-il à madame de Sennft; les persécutions m'en ont chassé [33]. »

Mais,—le croira-t-on?—ses ennemis poussèrent la haine jusqu'à intercepter sa correspondance. Il y a des gens qui ne reculent devant aucune injustice et feraient volontiers un grief d'accusation d'une parole échangée confidentiellement avec un ami.

« Votre lettre, écrit-il le 27 novembre 1838 à M. le comte de Coriolis, a été, et sans trop de façons, ouverte à la poste : je n'en reçois guère qui ne le soient, et celles que j'écris sont rarement plus respectées. »

D'autres fois, on ne se contentait pas de décacheter les lettres, on les retenait, et Lamennais se vit obligé de recommander aux personnes qui lui écrivaient d'adresser les lettres à Dinan, « sans parler de la Chênaie, pour éviter une nouvelle vexation des postes » et se soustraire à « cette curiosité ignoble et infâme [34]. »

IV

Nous avons anticipé sur les événements.
La scène que nous racontions tout à l'heure
remonte à l'entrée du carême de 1836 : que
de choses s'étaient passées, depuis dix ans,
dans ce coin de terre où convergeaient tous
les regards !

C'est dans sa thébaïde que Lamennais
acheva le second volume de son *Essai sur
l'indifférence en matière de religion*, com-
mencé à Londres quelques années aupara-
vant. Sa porte était ouverte à tous ceux que

ses doctrines avaient éclairés ou passionnés.
Il fit même plusieurs conversions, parmi
lesquelles on cite celle d'un jeune protestant
anglais, dont il reçut l'abjuration le 20 octobre 1829 [35].

Jusqu'en 1833, rien ne vint troubler les
hôtes de la Chênaie.

Cette année-là, l'abbé de Lamennais voulut qu'on célébrât la fête de Pâques avec
une solennité extraordinaire, et il officia lui-
même, entouré de plusieurs prêtres des
environs. Ce fut probablement la dernière
fois qu'il dit la messe. Le lendemain, Élie
de Kertanguy, qui ne le quittait guère, le
rencontra tout pensif, assis au pied d'un
arbre derrière la chapelle.

Avant que le jeune homme eût eu le
temps de lui demander ce qui l'attristait
ainsi, le maître se leva, prit le bâton de
houx qui lui tenait lieu de canne, et, dessi-
nant sur l'herbe une tombe :

« C'est là, dit-il que je veux reposer,

mais point de pierre tumulaire, rien qu'un simple banc de gazon.... »

Et il ajouta, d'un air qui effraya Kertanguy :

« Oh! que je serai bien là!... »

Pourquoi donc, plus tard, revenant sur ce premier vœu, préféra-t-il la fosse commune, hideuse et toujours béante, au champ fleuri de la Chênaie?...

C'est que Lamennais devait changer !

Ses idées se modifièrent et il tomba dans l'erreur « comme une pierre s'enfonce dans l'eau. » Il convenait lui-même de cette transformation, que ses amis lui reprochaient doucement : « Mes convictions d'aujourd'hui ne sont plus celles de ma vie passée et je ne suis pas sûr que, dans quelques mois, elles seront les mêmes qu'aujourd'hui. Il n'y a point de loi pour l'esprit; il n'y en a que pour le cœur : Dieu et l'amour du prochain. »

Après la condamnation de *l'Avenir*, il

était parti pour Rome, où il demeura longtemps sans pouvoir obtenir les explications
qu'il désirait. Cependant, dans une audience
du Souverain-Pontife, qu'il dut aux sollicitations du P. Ventura, il reçut l'assurance
qu'aucune suite ne serait donnée à la cen-
sure portée contre les doctrines de son
journal, et, à demi soumis, il revint en
France, en passant par l'Allemagne, où il
fut aussi bien accueilli des populations que
mal vu des petites cours allemandes. Plusieurs philosophes renommés de l'autre
côté du Rhin lui offrirent, à Munich, un grand
banquet, durant lequel on lui présenta, sur
un plateau d'argent, l'encyclique que la
cour de Rome venait de lancer contre *l'Avenir*. Cette sévérité à laquelle peut-être il
avait le droit de ne plus s'attendre irrita
Lamennais, qui, la haine dans le cœur, la
menace sur les lèvres, rentra dans sa solitude de la Chênaie et mit la dernière main
aux *Paroles d'un Croyant*,—livre admirable
comme œuvre de style et de poésie, et dans

lequel, à côté de pages déplorables et de peintures sinistres à la manière de Dante, on trouve des pensées belles et vraies, traduites dans le plus harmonieux langage [36].

Cette publication, qui obtint un immense succès, fut le signal d'une rupture complète et d'une guerre à mort.

Il y avait désormais tout un abîme entre Féli de Lamennais et l'Église. Ce n'est plus le vigoureux champion de la foi secouant la torpeur de son siècle; c'est un pamphlétaire accusant hautement le pape de se liguer avec les rois contre les éternelles vérités du christianisme, et ne voyant dans Rome qu'un « cloaque le plus infâme qui ait jamais souillé les regards humains. »

Le croyant s'efface, le philosophe apparaît.

Calvin a remplacé le dernier Père de l'Église, et, à partir de ce jour, il n'était guère d'homme « *bien pensant* » qui ne se crût consciencieusement obligé d'envoyer

pieusement l'âme de l'apostat au diable ,
chaque fois qu'il apercevait, en passant, ce
qu'il était alors de bon ton d'appeler *le re-
paire de la Chênaie.*

V

Ovide avait raison : tant qu'on est heureux, les amis ne manquent pas ; mais, dès que le malheur approche, ils s'en vont et l'on reste seul. Hâtons-nous de dire, toutefois, que, si Lacordaire et les autres oublièrent promptement leur ancien maître, il se trouva des hommes qui s'honorèrent en venant consoler, dans sa retraite, cette grande infortune. Listz, le fameux pianiste, et Didier [37], l'auteur de *Rome souterraine*, furent des plus fidèles.

Mais Lamennais était plus triste que jamais. Il semblait qu'avec ses premiers amis
et ses pieuses croyances s'était envolée toute
sa gaieté ; il se promenait même moins souvent et toujours sur sa terrasse du bord de
l'eau. Si quelquefois encore il s'échappait
de la Chênaie , c'était pour visiter quelque
malade du voisinage ; car Lamennais se
croyait un peu médecin et jouissait d'une
réputation que maint empirique aurait pu
lui envier.—Tant il est vrai que les plus
belles intelligences ont leurs travers et qu'il
n'est point de grand homme qui, vu de près,
ne soit enfant par quelque côté !

Atterré par les rigueurs de ceux qui, met-
tant en oubli les services qu'il avait rendus à
la religion, ne se souvenaient que de ses
erreurs, calomnié par ses ennemis (et ils
étaient nombreux),—abandonné de la plupart des jeunes gens qu'il avait instruits, le
philosophe s'occupa de marier M. Élie de
Kertanguy à mademoiselle Blaise , sa nièce,
qu'il institua plus tard sa légataire univer-

selle, et résolut de vivre avec les jeunes époux
dans son manoir de la Chênaie. Mais, soit
que sa famille ne répondît pas à ses avances,
soit qu'il reculât devant le sacrifice de sa
renommée qui ne pouvait que grandir encore, il prit le parti de retourner à Paris.

C'était d'ailleurs le seul moyen de se
soustraire aux visites importunes de gens
qui l'ennuyaient tous les jours, sous pré-
texte de le convertir. Il accueillait froidement ceux qui, par leur âge ou leurs relations
d'amitié, se croyaient le droit d'adresser au
prêtre errant d'affectueuses remontrances :
mais sa porte était impitoyablement fermée
aux jeunes vicaires des environs qui se
mettaient sérieusement en tête de l'amener
à une rétractation, et, plein de pitié pour
son aveuglement, regardaient comme un
devoir de l'éclairer de leurs lumières.

Des nombreuses démarches faites à la
Chênaie pour réconcilier le philosophe avec
l'Église, il en est qui, bien qu'inspirées

par un profond attachement et de pieuses convictions, furent peut-être les plus mal acuueillies : nous voulons parler de celles que tentèrent, à peu d'intervalle et dans le même but, deux prélats également recommandables par leurs vertus et par leur dévouement à la famille de Lamennais, Mgr Groing de la Romagère, évêque de Saint-Brieuc, et Mgr Bruté, évêque de Vincennes (Amérique).

Vers la fin de 1835, Mgr Bruté vint à la Chênaie, sans y être invité ni même, à ce qu'il paraît, souhaité[38]. Il y fut néanmoins reçu « comme un frère[39], » et, le jour de son arrivée, les deux amis, heureux après tout de se revoir après une longue séparation, ne parlèrent d'autre chose que de leurs souvenirs de jeunesse.

L'évêque de Vincennes connaissait les susceptibilités de son hôte et savait qu'il fallait prendre tous les ménagements possibles.

Le lendemain, quelques heures seulement avant son départ, il hasarda quelques mots ; mais Lamennais l'interrompit brusquement et lui déclara, d'un ton qui ne souffrait pas de réplique, qu'il n'entendait pas discuter un pareil sujet. Il était difficile d'insister davantage : cependant Mgr Bruté se jeta presque à ses genoux et le supplia, au nom de son frère, au nom de leur vieille amitié, de reconnaître ses erreurs et de se soumettre.

« — N'étant pas juge de vos opinions, lui dit Lamennais, je les respecte sans les discuter, mais ma conscience ne me permet pas d'y souscrire, car mes sentiments diffèrent des vôtres touchant l'autorité ecclésiastique, et particulièrement celle de Rome. [40] »

Atterré par cette réponse, et comprenant que toutes les prières se briseraient contre cette volonté inébranlable, le prélat se leva, les larmes aux yeux, et quitta la Chênaie pour n'y plus revenir.

De Rennes, il voulut tenter un dernier effort ou tout au moins faire entrevoir à celui qui se perdait les conséquences de sa conduite : il n'eut pas même de réponse. Sur ces entrefaites, il se rendit en Italie, et, de Florence, il écrivit encore à Lamennais une lettre—un peu échevelée,—qui lui valut ce mot dur autant que sévère : « Vous mentez[1] ! »

Qui, vingt-cinq ans plus tôt, aurait dit que l'amitié de ces deux hommes devait ainsi finir ?...

Avant l'évêque de Vincennes, d'autres avaient essayé, sans plus de succès, « de convertir » l'auteur des *Paroles d'un Croyant.* Mgr Groing de la Romagère, qui occupa trop peu de temps le siége de Saint-Brieuc, n'avait pas même obtenu, malgré de pressantes instances, la seule chose qu'il demandait : — une entrevue.

C'était au mois d'octobre 1834. Mgr de la Romagère, faisant une tournée pastorale dans les environs de Dinan, entendit parler de l'entêtement avec lequel le prêtre philosophe défendait ses doctrines et désira le voir. Il rencontra, dans une paroisse, un de ses plus fidèles amis, M. Colin de la Bellière. Vite il lui communiqua son projet, que celui-ci s'empressa d'approuver, en se chargeant d'en causer à Lamennais.

Quelques jours après, le 22, l'évêque de Saint-Brieuc arriva, seul, au château de la Bellière; mais l'écrivain s'était fait excuser, prétextant que sa mauvaise santé ne lui permettait ni de sortir, ni de recevoir. C'était évidemment un refus poli, respectueux, mais catégorique.

Mgr de la Romagère ne se tint pas cependant pour battu, et le lendemain il envoya, par un exprès, à la Chênaie, la lettre suivante :

« Monsieur l'abbé,

« Au moment où je faisais des visites épiscopales dana l'arrondissement de Dinan, je témoignai à M. de la Bellière le désir d'avoir une entrevue avec vous, chez lui ou dans votre maison de la Chênaie. Je me rendis en conséqnence, hier, auprès de sa famille, et on vient de m'y remettre sa réponse par l'entremise de M. Marion. Je regrette que votre indisposition actuelle vous empêche de recevoir, et je suis, au surplus, sensible aux choses obligeantes pour moi que sa lettre contient. Il m'est impossible de prolonger ici mon séjour,... mais une circonstance favorable se présentera, au milieu du mois prochain, pour me retrouver à la Bellière. . . . .

. . . .

« Je suis, etc.

« † MATTHIAS. »

La réponse se fit attendre un peu : elle était défavorable.

« Monseigneur, disait Lamennais, dans sa lettre du 2 novembre, j'apprécie comme je le dois vos bons procédés qui me sont bien connus, et je vous en remercie. Si d'autres personnes en ont envers moi de tout différents, je les ignore : il faudrait trop se courber pour regarder si bas.

« Je serai toujours charmé de vous voir ; cependant ma santé fort chancelante ne me permet pas de sortir de chez moi, en cette dure saison. Je crois, d'ailleurs, comprendre que votre désir serait de me parler de certaines choses sur lesquelles j'ai résolu de ne point m'expliquer ! L'entrevue que vous me proposez serait donc parfaitement inutile sous ce rapport : elle n'aurait qu'un avantage qui me serait tout personnel, celui de vous assurer de vive voix du respect et des sentiments avec lesquels, etc., etc. »

Le 27 décembre suivant, après un court entretien, que Lamennais sut rendre insignifiant, Mgr de la Romagère écrivit de nouveau à Lamennais :

« Je ne vous oublie pas dans votre solitude, je vous y ai rendu visite et je vous promets de revenir avec le même intérêt qui m'y avait conduit une première fois : ce ne pourra être qu'au mois de mars, lorsque j'irai donner la confirmation aux paroisses de la ville de Dinan. J'espère que nos mesures seront mieux prises pour que nous nous trouvions ensemble à la Chênaie. Que je souhaiterais de faire un voyage tout à fait consolant !... »

Lamennais avait reçu cette lettre toute paternelle depuis quelques semaines, lorsqu'un soir, par un temps affreux, une voiture arriva lentement à la porte du château.

La neige couvrait la terre : le froid était glacial.

— Qui vient me voir à pareille heure? demanda l'ermite.

—Monseigneur de Saint-Brieuc, lui répondit-on.

—Encore ! reprit-il avec un geste de colère qu'il n'essaya pas de cacher ; je le regrette, mais vous allez lui dire qu'il m'est impossible de le recevoir...

Et il monta dans sa chambre, d'où il put voir le vieil évêque reprendre, attristé, le chemin de la ville.

Avant de partir pour la capitale, il voulut

se débarrasser de sa bibliothèque, qui encombrait deux ou trois appartements. Il chargea un libraire parisien, M. Daubray, d'en dresser le catalogue.

Tout était fini lorsque arriva, sans être attendu, M. l'abbé Jean de Lamennais, qui, voyant dans la cour d'énormes caisses, demanda ce qu'elles contenaient.

« *Sa* bibliothèque? s'écria-t-il dès qu'il eut appris ce qui s'était passé. Il pourrait dire, ce semble, *notre* bibliothèque. Ah ! Féli vend mes livres !...

Et il entra dans le salon, où il se mit à rayer immédiatement sur le catalogne les titres des ouvrages qui lui appartenaient.

L'abbé Jean aimait beaucoup son frère et il lui cédait en tout; mais il était bibliomane, et, à aucun prix, il n'aurait voulu se séparer de ses chers livres.

Féli, qui l'avait entendu, s'enferma dans son cabinet, refusa de le recevoir, fit ses malles à la hâte et partit, le soir même, pour Saint-Pierre de Plesguen, où il prit, dans la nuit, la diligence de Rennes.

Depuis ce jour, les deux Lamennais ne se virent plus, et l'écrivain ne revint jamais à la Chênaie.

Sa dernière lettre datée de sa maison de campagne est du 5 avril 1836 [42].

Combien de fois, pourtant, de la grande ville où se passa tristement sa vieillesse, sa pensée ne se reporta-t-elle pas aux lieux où, jeune et sans soucis amers, il avait vécu loin de ce monde, au milieu duquel il était condamné désormais à rester jusqu'à la fin !

Un jour, c'était en 183., un de ses meilleurs amis, M. Forgues, celui qu'il chargea de revoir et de publier sa correspondance, était allé le visiter à Sainte-Pélagie.

Lamennais avait alors soixante et un ans.

C'était un triste réduit que ce cachot, où il demeura toute une année sans en franchir le seuil. « Dans un angle, raconte l'écrivain que nous venons de nommer [43], sur le carreau froid, on avait posé une petite estrade en planches; sur cette estade, une table grossière, un fauteuil de paille, et, sur ce fauteuil, un vieillard souffrant. Ouverte de tous côtés, cette cellule était glaciale en hiver, brûlante pendant les chaleurs. Pas un arbre à voir, pas un oiseau à écouter; rien qu'un océan de toits et le murmure du laborieux faubourg, et quelques éclats de rire montant des préaux... »

Quelle différence de cette prison noire, étroite, à la riante villa de la Chènaie, avec ses deux étangs, ses bois touffus et ses champs couverts de riches moissons! Il s'en souvenait sans doute de cette solitude charmante où, libre et joyeux, il jouissait de la belle nature, quand il écrivit cette page pleine de regrets et de poésie :

« Oh! qui me rendra ma vallée natale et mes rochers, et les grands pins semés sur leurs pentes, et les prés verdoyants où, dans une eau limpide cachée sous l'herbe en fleur, mes pieds se mouillaient à la fonte des neiges!

« Entre la terre et moi, pauvre enfant de la montagne, ils ont mis une épaisse muraille et des barreaux de fer. . . . .

. . . .

« Qu'ils s'écoulaient heureux au milieu de vous, mes frères, les jours de ma jeunesse ! comme mes pensées flottaient mollement dans le vague de l'âme assoupie, lorsque, assis sur la pelouse, au pied d'une roche vêtue de mousse verte, j'aspirais l'odeur enivrante de nos plantes parfumées, et prêtais l'oreille au doux chant de la grive, au bruit du torrent qui roulait et se brisait sur les cailloux au fond du ravin ! »

Et il songeait, l'illustre prisonnier, à son bonheur d'autrefois, à ses courses du matin sur l'herbe baignée de rosée, à ses jeux dans les bois, et aux nids auxquels sa sœur, presque en larmes, lui défendait de toucher, à cause de la pauvre mère.

Et, comme une bouffée d'air pur dans une atmosphère fétide, ces souvenirs d'enfance rafraîchissaient son âme...

Le jour donc que M. Forgues vint le visiter, il le trouva seul.

« Lamennais me conta, dit-il, que, la
veille, par une étouffante après-midi, et
afin de tromper l'accablement que la chaleur
lui causait, il avait reporté ses pensées vers
la Bretagne et ces grèves humides où court
sans cesse la brise marine. Et alors, dans
un tiroir entr'ouvert à portée de sa main,
il prit un petit carré de papier, où ce rêve
s'était abattu comme sur un récif.

« Voici ce qu'il me lut :

« L'automne n'a point de plus belles
« journées. La mer scintillait au soleil,
« chaque goutte d'eau reflétait, comme une
« pointe de diamant, une lumière blanche et
« pure, que l'œil supportait à peine. Du
« village déserté, hommes, femmes, enfants,
« arrivaient en foule sur les dunes, où, mêlé
« au thym, l'œillet sauvage, aux fleurs vio-
« lettes, exhalait son parfum de girofle.

« Munis de paniers, de légers filets, de
« pelles et de longs bâtons armés d'un cro-

« chet de fer, ils attendaient que la marée
« laissât à découvert la vaste grève et ses
« rochers, pour recueillir le riche butin
« préparé par la Providence, le lançon ar-
« genté qui glisse dans le sable humide, les
« crabes voraces, et les homards aux larges
« pinces, et la crevette, et la moule nacrée,
« et les coquillages de toute sorte.

» Vers le soir, à l'heure où le flux accourt
» comme un fleuve gonflé par les pluies, la
« troupe joyeuse regagnait le village. Mais
« tous n'y revinrent pas.

« Plongée dans les songes de son cœur,
« une jeune fille s'était oubliée sur un ro-
« cher lointain. Lorsqu'elle sortit de sa
« rêverie, le flot déjà serrait le rocher de ses
« nœuds mobiles, et montait, et montait tou-
« jours. Personne sur la grève, point de
« secours possible.

« Que se passa-t-il dans l'âme de la
« vierge? Nul ne le sait; c'est resté un se-
« cret entre elle et Dieu.

« Le lendemain, on retrouva son corps.

« Elle avait noué aux algues pendantes ses
« longs cheveux noirs, sans doute pour
« n'être pas emportée par la houle, pour
« reposer dans la terre bénite près des
« siens.

« Une croix de bois marque dans le cime-
« tière le lieu où elle dort. Souvent l'une
« de celles qui furent ses compagnes, age-
« nouillée sur le gazon, prie pour elle, et,
« le cœur ému de souvenirs tristes, s'en
« va, le front baissé, en essuyant ses
« pleurs [44]. »

Plusieurs fois, même dans les premières
années de son séjour à Paris, Lamennais
avait exprimé le désir d'être inhumé à la
Chênaie : lui aussi voulait dormir près des
siens, sous le sol natal.

« Je voyais, dit-il au chap. xxxii des
Paroles d'un Croyant, je voyais un hêtre
monter à une prodigieuse hauteur. Du som-
met jusqu'au bas, il étalait d'énormes branches qui couvraient la terre alentour ; de

sorte qu'elle était nue : il n'y avait pas un
seul brin d'herbe. Du pied du géant partait
un chêne qui, après s'être élevé de quelques
pieds, se courbait, se tordait, puis s'étendait
horizontalement, puis se relevait encore et
se tordait de nouveau ; et enfin, on l'apercevait allongeant sa tête maigre et dépouillée
sous les branches vigoureuses du hêtre,
pour chercher un peu d'air et de lumière. »

C'est à l'ombre de ce grand hêtre, au pied
duquel végète encore un jeune chêne, près
de l'étang de la Chènaie, que le philosophe,
peu de mois avant son départ, avait marqué
lui-même la place où il voulait reposer.

Mais il choisit plus tard une autre tombe,
et, le 1er mars 1854, après une vieillesse
dont l'isolement fut toute une expiation,
après une mort à laquelle nous n'avons pas
le courage d'applaudir, mais qu'il appartient
à Dieu seul de juger, Féli de Lamennais des-
cendait, comme le plus obscur des prolé-
taires, dans la fosse commune... La croix ne

protége pas ses restes, et il n'a pas eu le banc de gazon qu'il avait rêvé !...

Quelques semaines après, une voiture s'arrêta, le soir, à la porte de la petite chapelle de la Chênaie. Un vieux prêtre, cassé par la douleur plus encore que par l'âge, en descendit, et, s'agenouillant sur les dalles, inclinant devant un autel dénudé sa tête blanchie, pleurant à chaudes larmes, il pria longtemps... longtemps... et sortit...

A peine avait-il fait quelques pas que, jetant les yeux sur une des fenêtres de la maison, et levant les bras vers une image que lui seul pouvait apercevoir, il s'écria : « Féli ! Féli ! mon frère, où donc es-tu ? »

Et aucune voix ne répondit à sa voix, et le vieillard tomba, comme foudroyé, dans les bras de ceux qui l'entouraient...

C'était l'abbé Jean de Lamennais...

Pour lui aussi, depuis, l'heure a sonné : la mort de Féli l'a tué ; jamais il ne s'en consola, et l'on raconte que, dans son ago-

nie, le nom de son frère se mêlait sur ses lèvres au nom de Dieu, qui écoute toujours la prière suprême d'un mourant. . . . . .
. . . .

Mais les hommes sont moins indulgents :

Les partis, qui, comme on l'a dit avec raison, ne songent pas à relever leurs morts, l'oublièrent bientôt, et la cendre de celui qui n'avait commis d'autre crime que de rattacher le christianisme à la démocratie ne recueillit que silence ou malédiction.

Ses amis se turent; les autres n'épargnèrent à sa mémoire aucune insulte ; mais peu à peu le calme se fit autour de sa tombe, et, malgré tant d'anathèmes, son nom est resté cher au peuple, qui n'est systématique en rien et reconnaît à première vue les grandes âmes.

Le jour viendra, sans doute, où, débarrassée des nuages dont on l'entoure à dessein, cette figure apparaîtra dans toute sa vérité; alors, à côté des regrets qu'inspirent les erreurs du philosophe, il y aura place,

nous l'espérons, à un profond sentiment de
respect pour le caractère de l'homme, et
d'admiration pour le talent de l'écrivain.

FIN.

NOTES ET ÉCLAIRCISSEMENTS

1. La propriété de la Chênaie, actuellement habitée par M. Blaise, appartenait par moitié aux deux frères Lamennais : elle est située dans la commune de Plesder (arrondissement de Saint-Malo), à huit kilomètres environ de Dinan.

2. Ce portrait fait face à celui d'une femme qui n'est autre que la mère de l'écrivain : à droite est celui de son frère. Ces tableaux sont à peu près tout ce qu'on a conservé de l'ancien ameublement de la Chênaie, dont la distribution intérieure a été totalement changée, à l'exception de la salle où se tenaient ordinairement les réunions du soir.

3. Cette terrasse, qui conduisait de la maison au

petit taillis, sur la lisière duquel est la chapelle, n'existe plus : elle était plantée de tilleuls et non de chênes, comme l'a prétendu, je crois, M. Sainte-Beuve. La vaste pelouse qu'on traversait pour arriver à la porte d'entrée principale a été transformée en jardin potager. Beaucoup d'arbres, plantés par Lamennais, ont été abattus : s'il revenait !...

4. Lamennais ne put connaître sa mère, morte en 1789. Son père, très-occupé par ses affaires commerciales, avait confié son instruction à un vieux prêtre, que l'enfant n'écoutait jamais.

Félicité-Robert de Lamennais vint au monde le 19 juin 1782, au soir, dans une chambre du premier étage d'un hôtel qui est aujourd'hui la propriété de M. Thomas, négociant à Saint-Malo.

Voici en quels termes sa naissance fut constatée sur les registres de la paroisse :

« Un garçon, fils de M. Pierre-Louis-Robert de Lamennais, et de dame Gracienne-Jeanne Lorin, son épouse, né le 19 juin 1782, ondoyé le lendemain par moy soussigné, par permission de monseigneur l'évêque de Saint-Malo, en date du 19 juin 1782, à condition que les cérémonies seront suppléées dans six mois. Ledit ondoyment fait en présence du père qui signe.

« *Signé :* MENNAIS-ROBERT, fils.

« *Signé :* P. M. LAUNAY, sub-curé. »

On lit, quelques pages plus loin, sur le même registre :

« Félicité-Robert de Lamennais, fils de M. Pierre-Louis-Robert de Lamennais et de dame Gracienne-Jeanne Lorin, son épouse, né le 19 juin 1782, ondoyé le 20, par permission de monseigneur l'évêque de Saint-Malo, a reçu le supplément des cérémonies et des onctions du saint baptême, le 26 octobre 1782, de monseigneur l'Illustrissime et Révérendissime Antoine-Joseph des Laurents, evesque de Saint-Malo, soussigné. A été parrain, M. Denis-François-Robert des Saudrais, et marraine, dame Marie-Jeanne-Henry, dame comtesse de Lausmosne, qui signent avec le père et la mère.

« *(Signé)* Henri de Lausmosne. Des Saudrais Robert. G. Lorin de Lamennais-Robert. Briand de Lamennais. Uguet de Lausmosne.—Mennais-Robert, fils. P. M. Launay, sub-curé de Saint-Malo.

« Antoine-Jos., évêque de Saint-Malo. »

Un biographe a prétendu que la famille de Lamennais n'était pas noble :

« Tant que M. Félicité-Robert, dit-il, a rêvé la prélature, le nom de La Mennais était plus convenable que véritable; mais depuis que le prélat s'est évanoui pour faire place à un chef de démagogues, M. Félicité-Robert aurait dû renoncer à un nom aristocratique et arriver à la chambre des représentants avec son véritable nom de famille. »

Or, qui ne sait, quoi qu'en dise M. Quérard, que Louis XVI donna, en mai 1786, des lettres de noblesse à M. Robert de Lamennais,—les dernières, affirme-t-on, qu'ait signées ce malheureux roi? Et, certes, cet anoblissement était plus que mérité par un désintéressement et des services dont on trouve peu d'exemples.

Les armoiries de la famille de Lamennais rappelaient ingénieusement l'origine de leur noblesse : c'était « un écu de sinople à un chevron d'or, accompagné en chef de deux épis de bled, de même et en pointe d'une anchre d'argent ; ledit écu timbré d'un casque de profil orné de ses lambrequins d'or, de sinople et d'argent. »

Le nom de la Mennais est tiré d'une petite terre, la métairie de *la Mennais*, située dans la commune de Trigavoux, arrondissement de Dinan, et appartenant aujourd'hui à M. A. Blaise, qui la tient du chef de sa mère.

5. M. Robert de Lamennais eut trois enfants :

1° Marie, qui épousa M. Ange Blaise ;

2° Jean-Marie, qui devint plus tard grand-vicaire de Saint-Brieuc, vicaire général de la grande aumônerie de France et fondateur de l'institution des frères de l'Instruction chrétienne ;

3° Félicité, qui signait lui-même : « Féli Lamennais, » nom que nous lui avons conservé.

6. « J'entends gronder au loin les passions humaines, et si ce bruit ne m'endort pas, au moins il ne me réveille jamais. Je vis avec les morts et je les trouve, pour la plupart, de meilleure compagnie que les vivants. Ajoutez à cela la liberté, l'indépendance, et dites-moi si vous connaissez quelque chose de mieux. Si quelquefois certaines privations me rappellent qu'un revenu de quatre ou

cinq cents francs est un peu borné, je songe à tant d'autres qui se contentent de moins... » (Lettre de Lamennais à une de ses parentes, du 26 février 1815, citée par M. Forgues, *Œuvres posthumes, Correspondance,* t. I, p. 19.)

7. « Hélas! cher Bruté, c'est la misère toute vive que votre pauvre ami. Quand je réfléchis sur ma vie passée,... et qu'après cela je viens à considérer mon état présent.... cet amour-propre qui ne se sacrifie jamais qu'à demi et qui renaît sous le couteau même, j'entre dans une frayeur qui n'a que trop de fondement... » (Lettre à M. Bruté, du 17 février 1809.)

8. Lettre à M. Bruté, du 19 septembre 1814.

9. Lamennais aimait beaucoup à se chauffer, et, pour s'en convaincre, il suffisait de jeter un coup d'œil sur sa redingote : presque constamment au coin de son feu, pour peu qu'il ne fît pas une chaleur insupportable, il avait toujours les pinces en main et se plaisait à tisonner. Il écrivait un jour à mademoiselle de Lucinière : « Nous avons un hiver fort doux et plus doux que beaucoup de printemps. J'aimerais mieux, je crois, un peu plus de froid, pour trouver encore le feu meilleur. » (18 décembre 1823.)

10. Lettre à mademoiselle de Tréméreuc, du 7 juillet 1822.

11. Lettre à mademoiselle de Lucinière, du 12 novembre 1825.

12. Lettre à mademoiselle de Lucinière.

13. Lettre à la même, du 21 janvier 1828.

14. *Idem.*

15. Lettre du 4 août 1820.

16. Lamennais avait la passion du jardinage et soignait lui-même son potager.

« Envoyez-moi des graines de chou, écrivait-il un jour à une dame de Saint-Brieuc; je n'ai plus que du *chou royal*, et vous savez que ces races-là ont bien dégénéré. »

17. « Jugez de ma douleur, en voyant chaque jour nos arbres jaunir, puis se dépouiller, puis mourir : j'en avais, l'hiver dernier, planté plus de cinq mille.» (Lettre à madame la comtesse de Sennft, du 23 août 1835.)

« Ma distraction est de semer et de planter des arbres. D'autres en jouiront : mais au bout du compte, ce m'est déjà quelque plaisir que de les voir chaque année croître un peu et venir à mesure que je m'en vais. La Chênaie, dans un demi-siècle, sera un fort joli lieu, si l'on ne gâte point mes préparatifs. » (Lettre du 12 novembre 1825.)

18. *Recollections of the last four Popes, and of Rome in their times.*

19. Lettre à madame Louise de Sennft, 4 juin 1827.

20. Lettre de M. Gerbet à M. le comte de Sennft, 18 juillet 1827.

21. 27 juillet 1827.

22. « Il (Lamennais) a été traité parfaitement par M. le docteur Bodinier, de Dinan, dont le zèle et l'habileté méritent beaucoup de reconnaissance. Après Dieu, c'est lui qui l'a sauvé. » (L'abbé Gerbet au comte de Sennft.)

23. L'abbé Gerbet au comte de Sennft, 8 septembre 1827. Lettre de Lamennais à madame de Sennft, du 25 septembre.

24. Lettre à M. le marquis de Coriolis, du même jour.

25. Lettre à mademoiselle Angélique de Tréméreuc, 8 avril 1825.

26. Lettre à la même, 6 février 1836.

27. « Je perds à peu près tout ce que je possédais. » (Lettre à M. de Sennft, 14 février 1827.)
Berryer avait bien voulu se charger de ses intérêts : « Voilà des années que j'attends le léger débris que cet homme (Saint-Victor) me devra restituer après avoir dévoré le reste de ma fortune, écrivait Lamennais à l'illustre

avocat, le 22 mai 1830 ; je vous demande en grâce de terminer. Si petit que soit le solde de compte qui me reviendra, j'en ai besoin et grand besoin pour acquitter mes propres dettes. »

28. La sœur Rosalie avait demandé à Lamennais, pour ses pauvres, une partie des bénéfices qu'il retirerait de la publication des *Paroles d'un Croyant*, dont le succès était prodigieux.

L'écrivain répondit à mademoiselle Cornillier de Lucinière, le 31 mai 1834 :

« Je voudrais bien pouvoir m'associer aux bonnes œuvres de la sœur Rosalie : mais elle se trompe terriblement sur l'article essentiel. Ce que j'ai retiré de mon travail est fort peu de chose, et ce peu, ce n'est pas moi qui l'ai touché ; il a été consacré à acquitter une partie des dettes qui me restent ; car des dettes, voilà, depuis longtemps, tout ce qu'on m'a laissé en ce monde. »

29. Lettre à la comtesse de Sennft.

30. Lettre à la même, 1er novembre 1832.

31. Lettre à mademoiselle de Lucinière, 2 mai 1833.

32. Lettre à la comtesse de Sennft.

33. Lettre à M. le marquis de Coriolis, 9 novembre 1833. Quelques jours plus tard, il disait à madame de Sennft :

« J'avais résolu de passer encore au moins l'hiver à la
Chênaie : mais les persécutions, qui me suivent partout,
ne me l'ont pas permis. » (29 novembre 1833.)

34. « Je n'ai point retrouvé la lettre égarée, et je ne
saurais comprendre encore ce qu'elle peut être devenue.
Veuillez m'adresser dorénavant celles que vous aurez la
bonté de m'écrire, à *Dinan* seulement, sans parler de la
Chênaie : ceci pour éviter une nouvelle vexation des
postes. » (Lettre à M. de Coriolis, 19 décembre 1828.)

35. « Vous apprendrez avec bien de la joie que j'ai
reçu ce matin, dans notre petite chapelle, l'abjuration
d'un jeune Anglais, âgé de dix-neuf ans, que la Providence m'a adressé d'une singulière manière. Je ne vis
jamais plus de droiture dans aucune âme et une candeur
plus aimable. Je pense qu'il passera quelques mois ici. »
(Lettre à mademoiselle de Tréméreuc, 20 octobre 1829.)

36. Didier montra pour Lamennais un grand attache-
mens, que celui-ci n'oublia pas. En 1837, quand on lui
confia la direction du *Monde*, on lui demanda de se séparer de l'auteur de *Rome souterraine :* « Dans cette demande, répondit-il, après ce que je vous ai tant de fois
répété touchant les engagements d'honneur qui nous lient
l'un à l'autre irrévocablement, je ne pourrais voir qu'une
gratuite insulte. »

37. Le gouvernement et le clergé s'émurent de cette

G

publication, dont le titre seul était une hardiesse et dont le succès fut immense ; et plusieurs prélats, effrayés des nouvelles idées du prêtre philosophe, la dénoncèrent à la cour romaine, dont ils connaissaient les dispositions peu bienveillantes pour l'ancien rédacteur de *l'Avenir*. Comme il arrive toujours en pareille circonstance, on chercha dans les *Paroles d'un Croyant* des choses qui n'y étaient pas. Des amis de Lamennais, craignant avec raison que l'affaire ne prît une mauvaise tournure, le tenaient au courant des démarches qu'on tentait, en haut lieu, pour obtenir une condamnation.

« Mon Dieu, répondit-il à l'un d'eux, que vos gens cessent donc de se creuser la cervelle pour deviner des allusions là où il n'y en a point. Mon livre n'est d'aucun temps, d'aucun lieu ; c'est le livre de l'humanité. Ceux qui ont en eux les instincts humains l'entendront, le sentiront. Les autres n'y peuvent rien comprendre ; mais aussi rien n'importe moins, de toutes manières, que leurs jugements. Au reste, il paraît certain que Rome se taira, et elle aura grande raison, je crois.... Tous les personnages les plus distingués et qui sont en dehors de la politique, se sont ouvertement prononcés en ma faveur.»

Malheureusement Lamennais comptait trop sur l'Indulgence de ses adversaires :

« Je ne puis confier à la poste ce que j'ai appris, écrivait-il quelques semaines après à un de ses compatriotes ; la diplomatie a triomphé... De dures persécutions vont commencer ; il faudra les souffrir ; c'est la croix promise à ceux qui suivront fidèlement notre divin

Maître. Dieu permet que, jusqu'à présent, je ne me sente
point abattu. Je garderai le plus profond silence, si l'on
ne me force point à parler. »

38. « Monsieur l'évêque d'Indiana, vous êtes venu chez
moi, sans y être invité, ni souhaité : je vous y ai reçu de
mon mieux... (Lettre du 4 février 1836.) »

39. « Vous me reçûtes avec tant de bonté, ou plutôt
comme l'aîné des deux frères de vingt-sept à vingt-huit
ans passés. » (Lettre de Mgr. Bruté à Lamennais, du 18
février 1836.)

40. Cette réponse, ainsi que les détails de l'entrevue,
est consignée dans une lettre écrite, le 4 février, par le
philosophe à son ancien ami.

41. On nous communique une lettre écrite par Lamennais, peu de temps après son arrivée à Paris, à une
femme à laquelle il était attaché par les liens d'une
vieille affection. Nous la publions, car il y parle d'une
de ces mille et une vexations auxquelles lui et les siens
étaient sujets, que son imagination grossissait et qui lui
faisaient prendre en haine toute la société.

« Paris, 6 août 1836.

« Je profite, pour vous remercier de votre souvenir,
du retour en Bretagne de mes neveux et nièces. Pour
moi, je ne suis plus d'âge à voyager sans beaucoup de
fatigue, et, en conséquence, je reste où je suis, m'y trou-

vant d'ailleurs aussi bien qu'on puisse être quelque part. Il y a des inconvénients partout.

« Au moment même où je vous écris, j'ai un mal de tête très-violent, ce qui m'obligera d'abréger beaucoup. Cette indisposition est une suite naturelle de la fatigue et de l'inquiétude que m'a fait éprouver l'accident arrivé à mon neveu. En rentrant le soir, il y a trois jours, il fut attaqué, à trente pas de la maison, par six hommes qui l'entourèrent. Un d'eux le frappa d'un instrument tranchant, près de l'aisselle droite. Un léger changement dans la direction du coup l'aurait rendu mortel. La Providence a veillé sur notre pauvre Ange, dont l'état n'offre pas le moindre danger et qui guérira même assez promptement. Mais, pendant deux jours, on a pu craindre des accidents graves. Quatre personnes ont été attaquées par la même bande dans notre quartier, et l'une d'elles a été presque assommée avec un martinet garni de balles de plomb. Cela peut vous donner une idée de la manière dont la police est faite à Paris. Elle a mieux à faire, à ce qu'il paraît, qu'à protéger la vie des citoyens. La politique l'absorbe tout entière. »

42. Pour bien comprendre la dureté avec laquelle Lamennais écrivait à Mgr Bruté, il faut se reporter aux lettres dans lesquelles l'ermite de la Chênaie se plaint, avec une certaine aigreur, des procédés, plus pieux que charitables de l'évêque d'Indiana :

« De retour à Rennes, vous m'écrivîtes que vous vous sentiez obligé à détromper de moi les hommes, et à me décrier charitablement partout où votre zèle vous conduirait. J'apprends, de plusieurs côtés à la fois, qu'en effet vous abusez de l'hospitalité reçue chez moi afin d'autoriser, — je n'adoucirai pas le mot, — les impostures qu'il vous plaît de répandre sur mon compte, pour la plus grande gloire de celui qui est la Vérité essentielle. Quelle que soit ma pensée, vous ne la connaissez point... : j'ai constamment refusé de vous la dire, certain, par plusieurs de vos paroles, que vos vues et vos intentions, en cherchant à la pénétrer, n'étaient rien moins que bienveillantes. Quelle que soit celle que vous me prêtez, vous mentez donc. L'expression est sévère, mais elle est juste, et votre conscience a dû vous la faire entendre avant moi.»

Dans sa seconde lettre, Lamennais est plus explicite encore :

« Quelque accoutumé que je sois à tout, j'ai été, je l'avoue, très-surpris de recevoir une lettre de vous, après ce que plusieurs personnes, inconnues l'une à l'autre, m'ont mandé de Paris sur le zèle aussi pieux qu'infatigable que vous avez mis à me nuire dans l'esprit de ceux qui ont bien voulu vous écouter....

« ....Je ne puis ni ne veux conserver avec vous des relations dont aurait à souffrir, chez moi, le respect que chacun, quelque humble que soit la sphère où Dieu l'a placé, se doit à soi-même; — et ces paroles sont les dernières que vous entendrez de moi. »

43. *Notes et Souvenirs*, sorte de préface placée en tête de la correspondance de Lamennais, par M. Forgues,

que le philosophe avait chargé du soin de publier ses letttres, et qui apporta, dans l'accomplissement de sa tâche, autant de fermeté que de convenance.

44. Cette page si émouvante forme le chapitre XII de *Une Voix de prison.*

FIN.

ACHEVÉ DE RÉIMPRIMER

Le 30 Avril 1864

Aux frais de

Mme BACHELIN-DEFLORENNE

Libraire-Éditeur

PAR BONAVENTURE ET DUCESSOIS